3

猫侦探的数学谜题
健忘的偷米贼

杨嘉慧　施晓兰 / 著
郑玉佩 / 绘

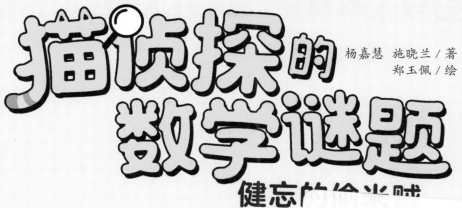

长江出版传媒　长江文艺出版社

目 录

主 角 介 绍

猫儿摩斯

拥有一流推理能力和敏锐的数学逻辑头脑的猫侦探——猫儿摩斯登场喽！每当森林里的小动物们遇到困难，猫儿摩斯就会及时出现，协助破解谜团。猫儿摩斯常常让爱贪小便宜的狐狸老板气得跳脚呢！

每个名侦探都有一位得力助手，偏偏助手猫儿花生有点迷糊，有时候会误导办案，甚至好几次把证物吃掉了！

猫儿花生

狐狸老板

在森林开商店的狐狸老板，生意头脑超级好，总是用一些谜题或盲点来大发黑心财！

星空棒棒糖

狐狸老板进了一款星空棒棒糖，每根图案都不同。小羊、小兔看了好喜欢，不过，价钱好贵。

棒棒糖的计价方式是第一根1元、第二根3元、第三根5元……以此类推。

那我买一根。

我也买一根，明天再买一根，这样每一根都是1元。

不行、不行，10根棒棒糖要一次买走。

一次买10根？

对，你们先凑10根的钱买下后，再自己去分配。

那一共要多少钱？

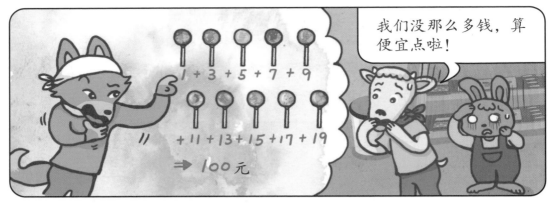

我们没那么多钱，算便宜点啦！

1 + 3 + 5 + 7 + 9

+ 11 + 13 + 15 + 17 + 19

⇒ 100 元

好吧，就分两堆卖给你们吧，但是你们要同时买走棒棒糖，而且每一堆的计价方式一样，第一根1元，第二根3元，第三根5元……

假如小羊买1根，小兔就要买9根。总价是82元，是不是便宜很多？

1 + 1 + 3 + 5 + 7 + 9 = 82

+ 11 + 13 + 15 + 17

是便宜很多，可是钱还是不够，我们再回去想想。

好想要棒棒糖，但我们两人只有50元。

你们每人买的数量不要差太多，就有机会买下棒棒糖。

想想看，将棒棒糖分成两堆，有几种分类方法？

2

将棒棒糖分成两堆，共有五种分类方法。

组别	根数分类
一	1 + 9
二	2 + 8
三	3 + 7
四	4 + 6
五	5 + 5

每种分类法的价钱计算好了。

组别	根数分类	算式	金额
一	1 + 9	$1+(1+3+5+7+9+11+13+15+17)$ $=1+81=82$	82
二	2 + 8	$(1+3)+(1+3+5+7+9+11+13+15)$ $=4+64=68$	68
三	3 + 7	$(1+3+5)+(1+3+5+7+9+11+13)$ $=9+49=58$	58
四	4 + 6	$(1+3+5+7)+(1+3+5+7+9+11)$ $=16+36=52$	52
五	5 + 5	$(1+3+5+7+9)+(1+3+5+7+9)$ $=25+25=50$	50

每堆 5 根棒棒糖，最省钱。

分成 1 根和 9 根，售价最贵。

棒棒糖价钱比前一根贵 2 元，因此棒棒糖分成两堆时，每一堆的根数尽量不要太多。

数学追追追

在游戏中，棒棒糖的售价是累积增加，分成5—5根最省钱。假如情况相反，棒棒糖的售价随着根数增多而减少，分成5—5根反而不能省钱。

狐狸老板变更游戏规则，他说："棒棒糖售价第1根20元，第2根18元，第3根16元，第4根14元……以此类推。"10根一起买是多少钱？若小羊、小兔一定要分成两堆买，怎么分类最省钱？怎么分类最贵？

（答案请见61页）

爱比大小的国王

　　猫儿摩斯、猫儿花生、小羊和小兔，不小心跑进了坏坏国，被抓了起来。听说坏坏国国王喜欢玩比大小的游戏，猫儿摩斯正想办法带大家逃走。

我要回家！

陪我玩比大小，赢了就能离开。

游戏规则请看这里。

每人抽四张数字牌，并将四张牌排成四位数。

相同数字不能排在一起。

抽中三张一样，要重新抽一张。

四张牌至少有一张是奇数，而且个位数只能放奇数。

来抽牌吧！抽完牌后，按游戏规则，排出最大四位数数字的人赢。

肯定没有人比我大！

比赛结果，国王得第一！

我的运气一直都很好，呵呵呵！

国王这么聪明，靠智慧打败我们才有意思。

好像有道理……

那改题目吧！ 游戏规则一样，但不抽牌，而是想想看：抽到哪几张数字牌，可以排出最大数字？

想一想，最左边的数字，应该放什么数字？

这题目太难、太难了。

就用这道题分胜负吧！

请大家亮出答案！

9 8 9 7

9 9 8 8

我排出来的肯定比你们的大，赢定了！

国王错了唷！按照国王定的游戏规则，相同数字不能排在一起，而且个位数要放奇数。

9 9 8 8

我们排出来的数字是9897，你只能排出8989。

咦，怎么会出错？

千 百 十 个　千 百 十 个
9 8 9 7 ＞ 8 9 8 9

要比较数值大小，首先可以看有几位数，位数越多，数值越大，例如 1111 比 999、99 以及 9 这三个数值大。若位数相同，就从最左边的数字开始比较，例如三位数 863 比 799 大，863 比 859 大。想想看，坏坏国国王出的题目，答案是什么？

（答案请见61页）

红包大盗

新年到，穿新衣、拿红包，真开心！可是小兔子的红包却被偷了……

等一下，今天早上我看到过三个可疑的家伙！

他们身上刚好都有5000元，很可能就是红包大盗！

快说，到底是谁偷了兔子的钱？

冤枉呀！这些也是我的红包钱呀！

什么？这该怎么办？

那就请他们三个说说这些钱是谁给他们的吧！

又来抢镜头！

昨天长辈每人给我一个1000元的红包。

昨天长辈每人给我一个2000元的红包。

昨天长辈每人给我一个500元的红包。

哈，我知道了！他们之中有一个说谎，应该就是红包大盗！

小朋友，你可以从三只动物的说法中，看出谁说了谎吗？

猴子说，每位长辈给他一个1000元的红包，所以应该有五个人给他红包！

听起来很合理！

野狼说，每位长辈给他一个500元的红包，所以应该有十个人给他红包！

哇！野狼家族好庞大！但是也很合理。

我知道了！狐狸的说法最不合理！

没错！你听出来了吧？

你怎么可能拿到2000元的红包？我最多也只拿过1000元的红包，不合理！

不是这种不合理啦！

狐狸说，每位长辈给他一个2000元的红包，但是5000不是2000的倍数！

对耶！应该是两个2000等于4000，或是三个2000等于6000，这样才合理！

没错！所以红包大盗应该就是说谎的狐狸！

呜！我知道错了！人家想买玩具嘛！

都怪我数学不好！

这不是重点吧？

数学追追追

猫儿摩斯这次找出红包大盗的诀窍："单位"！

以猴子来说，一个红包1000元，5000元是五个1000元；像这样把1000元当成一份基准量，也就是把1000元当成单位。根据情况的不同，可以拿不同的量作为单位，例如以野狼来说，一个红包500元，所以把500元当作单位，5000元等于十个500元。

生活中常需要用到单位：如一包糖果、一杯牛奶等。

希望我明年的红包单位可以"大"一点！

呃……单位再大，也不够你花吧！

先抓起来再说！

失踪的蛋糕

04

面包店的牛老板认为员工猴子每天都会偷吃蛋糕，于是跑来找猫儿摩斯和熊警长……

猴子每天都在偷吃我的蛋糕！

你怎么知道猴子偷吃了蛋糕呢？

我才没有。

我每天都会把蛋糕排成一个 T 形……

为了记住有多少蛋糕，我会从右上方数到最下方，或是从左上方数到最下方，都是 10 块蛋糕。

左

右

10 10

这样真麻烦！

那是因为……

因为他只会数到 10 啦！

真不好意思！

每天蛋糕还没卖出前，就会变少，一定是被猴子偷吃了！

别诬赖我！

你算过了吗？

是的！但是我从右上数到最下面，或是从左上数到最下面，都还是 10 块蛋糕。

这样听起来……蛋糕没有少呀！

对呀！你不是算过了吗？

可是……我觉得蛋糕真的变少了呀！

我明白，好吃的蛋糕总是"感觉"不够呀！

我不是这个意思啦！

嗯……

牛老板的感觉可能没有错！

真的吗？

可恶！又是猫儿摩斯。

你能够用更少的蛋糕排成 T 形，而且从右上数到最下面，或是从左上数到最下面，都能保持 10 块蛋糕吗？

你们看，如果我让 T 形的两端都少一个蛋糕，但是再在下方多加一个蛋糕……

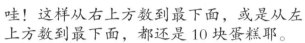

哇！这样从右上方数到最下面，或是从左上方数到最下面，都还是 10 块蛋糕耶。

这样拿掉两个蛋糕，再加回一个蛋糕……

我明白了！这样虽然比原来少掉一个蛋糕，但是牛老板根本数不出来！

没错！猴子用这种方法偷吃蛋糕，就不会被发现！

欺负我数学不好！

好神奇啊！怎么会这样？

这是利用总和是 10 的成对数字所玩的把戏。

总和为 10 的成对数字？

有很多成对数字加起来都会等于 10，例如 4+6 或是 3+7。

4+6=10　2+8=10
3+7=10　1+9=10
5+5=10

所以即使偷拿了几块蛋糕，只要让 T 字两边的蛋糕数起来还是 10，牛老板就算不出来了。

原来如此，所以猴子还是有嫌疑喽！

左　右
4+6=10
10　10

左　右
3+7=10
10　10

这下你没话说了吧！

你还是跟我回警局一趟吧！

可恶！又被识破了！

数学追追追

总和是 10 的成对数字

　　下面每一列的两个数字相加都等于 10，记住这些总和是 10 的数字，可以让你计算得更快！

　　例如把算式中的数字先凑成 10 再算，像是 7+2+3 可以等于 7+3+2=10+2=12。而且以下每个加法算式都可以推出一个减法算式，像是 5+5=10，就可以知道 10-5=5，这在学习二位数以上的加减时，也很方便呢！

0+10=10	6+4=10
1+9=10	7+3=10
2+8=10	8+2=10
3+7=10	9+1=10
4+6=10	10+0=10
5+5=10	

有这些算式真方便！

你还是好好上数学课吧！

05

抽抽乐游戏

狐狸老板熬夜设计抽抽乐游戏。一推出，广受大家喜爱，人人都想抽一张试运气，看看能不能得大奖。

我小时候最爱玩抽抽乐了！

这个抽抽乐是我亲手做的哦！一块钱抽两张。

我也是，总觉得可以抽到大奖，结果钱越花越多。

这个游戏的规则是：每张卡片上各有一个算式，将抽到的两张卡片放入蓝框内计算。

$$30 - ? - ? = ?$$

如果算式得出的答案超过15，可以获得一支巧克力棒；如果等于15或比15小，就没有奖品了。

我举个例子，如果抽到 7+2 和 8+2 这两张卡片，得到的答案是 11，就没有巧克力棒。

不对呀，我算出来是 19。

狐狸老板的规则是卡片上的算式要先算，算完后，再将答案放进蓝框进行减法计算。

先算、后算，答案不一样呀？

出三道题目请大家算一算。规则是有括号的，括号内的算式要先算。

8-4-2-1、8-（4-2）-1、8-4-（2-1），三个算式答案一样吗？请你算一算！

括号位置不同,答案竟然不一样!

- $8-4-2-1=1$
- $8-(4-2)-1$
  $=8-2-1$
  $=5$
- $8-4-(2-1)$
  $=8-4-1$
  $=3$

没错!抽抽乐上的卡片,写成算式,就可以用括号括起来。

$$30 - \boxed{7+2} - \boxed{8+2}$$

$30-(7+2)-(8+2)$
$=30-9-10$
$=11$

小羊,我有一块钱,一起来玩抽抽乐吧!

好哇!

由于计算顺序会影响答案，数学家便规定，只要一长串算式出现括号，括号内的算式就要先算，得出答案后，才可以去掉括号，例如：10−（2+4）=10−（6）=10−6=4。现在请算算看，以下算式的答案是多少？

$3 \times (4 + 2) = ?$

（答案请见61页）

黑衣人给黑熊老板的信

一个戴墨镜的黑衣人，大摇大摆地走进黑熊餐厅，正在用餐的小羊、小兔，被他的装扮吓呆了！

> 这是老大给你的信，再见！

> 吓到我了！

> 我的心脏还怦怦跳呢！

> 那位黑衣人好面熟呀。黑熊老板，信上写了什么？

> 你们好像误会了，黑衣人是店里的常客，不是坏人；他知道我喜欢玩猜谜游戏，每回吃饭，总是设计谜题点菜。

信件内容：

今天下午一点，请准备A、B、C、D、E五道菜。A、B、C、D、E代表菜单上的编号，它们符合表格中的等式。填入正确数字，便知道我点的五样菜。

A	×	4	=	B
×		×		×
2	×	C	=	D
=		=		=
E	×	8	=	48

菜单

1. 飞鱼卵香肠
2. 野菜牛肉煲
3. 咸酥猪脚
4. 炒龙须菜
5. 炒山苏
6. 炸山药甜卷
7. 烧烤玉米
8. 凉拌槟榔花
9. 竹筒饭
10. 月桃饭
11. 麻薯
12. 小米蛋糕

一点前没解出来，会怎么样？

只是上菜比较晚，不会有事的！

题目并不难，表格有6个等式，只要熟悉九九乘法表，很快便能解出来。

$A × 4 = B$
$2 × C = D$
$E × 8 = 48$
$A × 2 = E$
$4 × C = 8$
$D × B = 48$

找找看，A、B、C、D、E之中，哪几个未知数可以马上解出来？

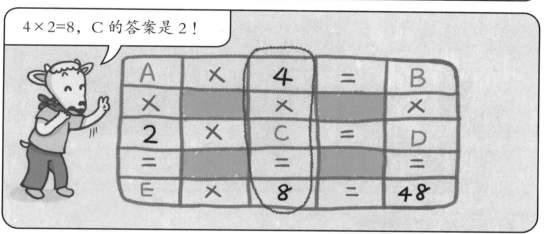

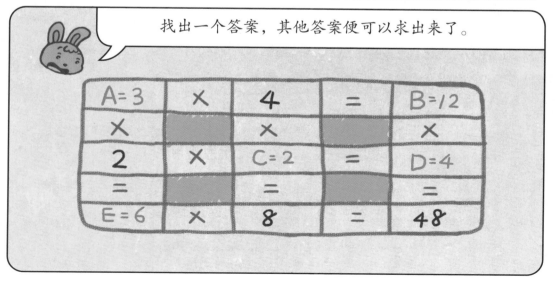

数学追追追

　　填数字游戏中的符号，除了乘法，也可以使用加、减、除法，增加游戏的变化。下列表格有 6 个等式，请问 A、B、C、D、E 的数值各是多少？

A	−	5	=	B
+		+		+
C	−	D	=	5
=		=		=
16	−	E	=	10

（答案请见61页）

07

饭团大抢案

小绵羊卖饭团，遇上了三只动物抢饭团……

哇！熊警长，我的饭团被抢光了！

什么！

谁这么大胆，敢抢我最喜欢吃的小绵羊饭团？

快把事情的经过说给我听！

呜呜！事情是这样的……

今天下午，我在森林里叫卖饭团……

饭团！又香又糯的饭团！

嘿嘿！我的肚子饿得咕咕叫，你来得正好！！

不要吃我！我请你吃饭团！

果然很好吃，这次就放你一马吧！

呜呜！饭团被吃掉一半了！

后来遇见虎老大来抢饭团……

下次记得要做羊肉口味的！

呜呜！饭团又少了一半！

最后又遇见不良熊来抢饭团……

看在饭团的分上，下次再吃你吧！

呜呜！又少了一半，只剩下1个了！

如果谁能帮我讨回饭团，我就请他吃饭团！

没问题！我会叫大野狼、虎老大还有不良熊把饭团都还给你！

不过你记得一开始带了多少饭团出门吗？我得先算算他们三个分别抢了你几个饭团！

呃……因为我太害怕了，所以全忘光了！

那就糟了！这样我算不出来！

哇哇哇！那我不就要不回饭团了？

小绵羊别哭了！从你刚刚的说明，我已经可以知道他们分别抢了多少个饭团了！

真的吗？

猫儿摩斯！你不要跑来跟我抢饭团！

从小绵羊的描述中，你知道大野狼、虎老大还有不良熊各抢了多少个饭团吗？

怎么算呢?

从"关键词"来算:

抢一半 表示被 抢之前,剩1个 有2个。

小绵羊最后剩下1个饭团,表示不良熊抢走1个饭团,所以小绵羊在遇上不良熊之前应该有两个饭团!

$1 \times 2 = 2$

再往前推,小绵羊说虎老大抢了一半的饭团,所以小绵羊在遇见虎老大之后剩下的饭团和虎老大抢走的也应该一样多……

"关键词":抢一半 表示被 抢之前,剩2个 有4个。

$2 \times 2 = 4$

按照相同的道理:
"关键词":抢一半 剩4个 表示被 抢之前,有8个。

$4 \times 2 = 8$

因此大野狼要还小绵羊 4 个饭团，虎老大要还两个，不良熊则要还 1 个！

没错！

对对对！我想起来了！就是这样！

谢谢，我请你吃饭团！

不用了！我看你还是把饭团给熊警长吃吧！

如果他没吃到这个饭团，后果可能不堪设想呀！

好好吃的样子喔！

哇！警长的样子比大野狼还可怕！

数学追追追

好用的倒推法

这次猫儿摩斯使用的数学技巧叫作"倒推法"。当题目没有说明一开始的数量，只有最后的结果时，就可以使用倒推法，从最后的结果往前推算，很多困难的数学问题就能轻松解决了。试试看，你能用倒推法解决下面的问题吗？

小绵羊又去森林叫卖饭团，第一次卖掉了全部饭团的一半又 1 个，第二次卖掉了剩下的一半又 1 个，这时只剩下 1 个饭团，请问，小绵羊一开始带了几个饭团出门？

数了这么多饭团，我的肚子也饿了！

办案时不要光想吃的啦！

（答案请见 61 页）

有趣的剪纸艺术

听说浣熊奶奶在公园表演剪纸，小兔开心得不得了，带着大家一起来看剪纸。

公园有剪纸表演，大家一起去看看，好不好？

剪纸是什么？

就是用剪刀剪出漂亮的图案。

学会剪纸，就能自己动手剪"春"字，卖春联了。

你老是想着赚钱。

没办法，生意难做啊！走吧！去看剪纸。

好漂亮的蝴蝶连环图哦！

我再剪一个图案。

08

剪纸之前，为什么要将纸对折？

等剪出来，你们就知道为什么了。

不打草稿，直接剪呀。

我已经剪了很多遍，图案早就记在脑中了。

这是什么图案？完全看不出来。

你们猜猜看，猜对了，就送你们剪纸。

浣熊奶奶先将纸对折，再剪图案，对折的纸，打开之后，会是什么样子？

凭空想象，好难哦。

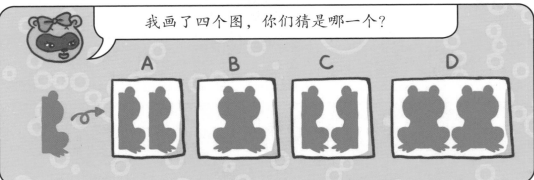

我画了四个图，你们猜是哪一个？

A　　B　　C　　D

拿镜子对准折纸照照看，会出现什么图案呢？

我猜是 C。

我猜是 A。

应该是 D 吧?

不对，是 B。

恭喜狐狸老板答对，是一只青蛙!

明明剪了半只青蛙，怎么变成一只青蛙了?

这是利用"对称"的概念。对折剪一剪，就会是左右对称的图案。

左右对称，就像照镜子一样。

对折

画形状

剪下形状

打开

要猜出浣熊奶奶的剪纸图案，原来只要照镜子就好了。

大家对剪纸艺术似乎很感兴趣，我来教大家如何剪"生日蛋糕"。

太棒了，下次朋友生日，就可以送剪纸蛋糕了。

首先，请大家将纸对折。然后想一个生日蛋糕的图案，并在纸上画半个生日蛋糕图。

▲ 对折，画形状。

▲ 剪下形状。

▲ 打开。

接着，沿线剪下图案，就完成了。

哇！剪出来好漂亮啊！

数学追追追

剪纸艺术的技法，除了将纸对折，还可以折三折、五折，利用对称图的原理，剪出一连串相同的图案。浣熊奶奶这次将纸折了三折，并剪了半朵花，张开后会有几朵花？请你试着剪一剪吧！

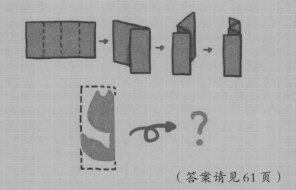

（答案请见61页）

海盗船长的烦恼

熊警长和猫儿摩斯听说小羊和小兔被海盗抓起来了，他们急忙赶到码头，究竟发生什么事了？

有话好好说呀！

如果缺钱，我可以借给你。

我不是来抢钱的！只要大家帮忙解决问题，一定放人。

什么问题？

题目在这里，我儿子出的。

亲爱的爸爸：

  我希望您能多动脑，因此设计了一道题目，让您在船上好好思考，回家后告诉我答案。

  游戏规则：只能动脑，不准动手！

  爸爸加油哦！

33

题目：

若正方形纸对折成一半，再斜剪一刀，如图所示，请问纸被裁成几个部分？每个部分各是什么形状？

提示：

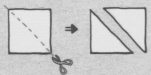

一张正方形纸斜剪一刀，纸会被裁成两个部分。

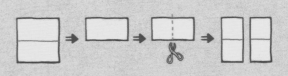

若正方形纸对折一半，再剪一刀，纸也会被裁成两个部分。

拿纸和剪刀剪一剪，不就知道答案了。

不行！我儿子说只能动脑，不能动手！我不要欺骗宝贝儿子。

试着在脑中拼凑，想想看，哪个才是答案？

没关系，我们不动手剪也不对折，试着想出裁切线和折线，我给你两个提示，你想一想答案会是哪个？

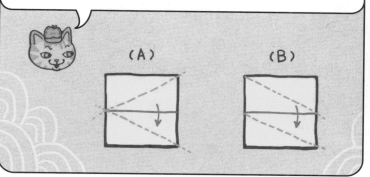

(A) (B)

动脑实在好难！

老大加油！

我知道了，是 B。

你确定吗？你再想想看，如果纸张对折，裁切线的方向会不会改变？

对了，对折后，裁切线的方向就改变了！我知道了！答案是 A，斜剪一刀，会剪成 3 个三角形！

　　许多剪纸高手，由于长时间观察剪纸，他们的空间思考能力比其他人敏锐，甚至能设计有趣的剪纸图案。若想增强空间感，可以多练习剪纸游戏。

　　请想一想，正方形纸对折两次，再斜剪一刀，纸张会被分成几个部分？

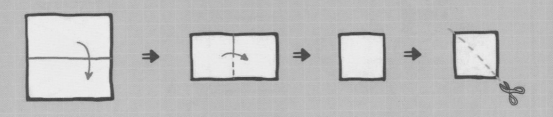

（答案请见61页）

健忘的偷米贼

熊警长急急忙忙地找猫儿摩斯，不知道发生什么事了？

我只记得在卷毛鼠家偷米，把偷到的米加上大哥给的米分成两份，我拿一份，另一份平均分给大哥和三弟。

我只记得在胖鼠家偷米。拿了哥哥们的米，觉得很不好意思，于是把偷来的米和哥哥给的米分成两份，我拿一份，另一份平均分给大哥和二哥。

三兄弟都不知道偷了几袋米，只知道目前他们各有 8 袋米。

问米店老板损失几袋米不就好了？

他们也不知道啊！

我平时没有清点米袋的数量，根本不知道米被偷了呀！

我刚好进了一批米，还没清点米袋的数量呀！

我也不晓得丢了多少包米，干脆三人平分。

偷米三兄弟手中各有 8 袋米，三弟送米给两个哥哥之前，他有几袋米？

现在，三兄弟手中各有8袋米，送米的顺序是

大哥　二哥　三弟

只要倒着推算回去，就能找到答案了。先看三弟送出前，每人手中有几袋米，再依次回推二哥送出前、大哥送出前，每人有几袋米。最后大家手中有8袋米，表示三弟送出前，手中有8×2=16袋米。

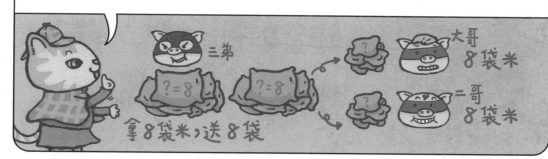

送出8袋米，那不就是4袋给大哥，4袋给二哥。

4+4=8，三弟送米之前，大哥和二哥也有4袋米。

没错。三弟送米之前，三兄弟各有4袋、4袋、16袋米。现在再回推二哥送米之前，大家各有多少袋米？

送米之后，二哥剩4袋，表示他送了4袋出去，送米之前，他有4×2=8袋米。

数学追追追

　　这次用到的解题方法，是使用数学中的"倒推法"（又称"还原法"），方法是把动作还原，从结果往前推出答案。例如"某数加3等于8"，要回推"加3"之前的数，先把"加3"的动作还原，就是让8减掉加上去的数值3，就会得出某数的数值等于5。想想看，"A减3等于6"，要怎么回推出A的值？

（答案请见61页）

青蛙换边跳

连续几天的大雨，桥被冲断，住在两岸的青蛙们只好踩着荷叶过河，免得衣服被弄湿。

别看我胖胖的，跳得还挺高的。

剩下的步骤，由你们自己完成吧！

换我！

换我！

是换我！

只要让同一前进方向的青蛙，不要紧靠在一起，就行了。

数学追追追

青蛙跳还可以提升难度，例如7片荷叶上，左边站3只青蛙，右边站3只青蛙，该怎么让这6只青蛙顺利到达自己想前往的对岸呢？

（答案请见62页）

数字猜一猜

小羊、小兔一起玩猜水果游戏，苹果、香蕉、菠萝、番石榴……
看谁最先猜出对方写的水果。

猜对〇个数字。	〇
猜对 1 个数字，位置对。	1A
猜对 1 个数字，位置错。	1B
猜对 2 个数字，位置对。	2A
猜对 2 个数字，位置错。	2B

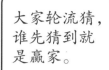

大家轮流猜，谁先猜到就是赢家。

举例来说，答案如果是 26，小羊猜 36，就是 1A；小兔猜 63 是 1B！

我会了，开始玩吧！

25。

0。

16。

1A。

46。

1B。

14。

2A，你答对了！

你怎么猜到的？

我也不知道！

想想看，怎么从线索猜答案，缩小寻找范围？

46

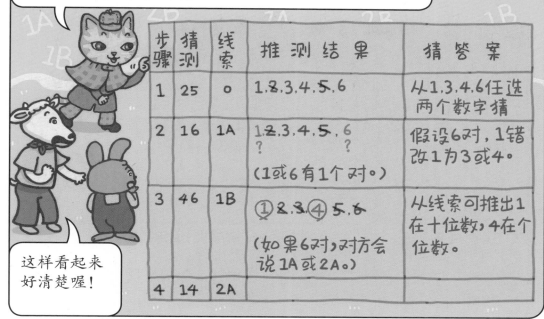

先大胆假设，再删掉不对的数；不对的数画掉，可疑的数标"？"，对的画圈。

步骤	猜测	线索	推测结果	猜答案
1	25	o	1,2,3,4,5,6	从1,3,4,6任选两个数字猜
2	16	1A	1,2,3,4,5,6 ? ? （1或6有1个对。）	假设6对,1错改1为3或4。
3	46	1B	①,2,3,④,5,6 （如果6对,对方会说1A或2A。）	从线索可推出1在十位数,4在个位数。
4	14	2A		

这样看起来好清楚喔！

没错，现在把难度提升，猜3个数字，换我来猜。

赞成！

526。

123→1A
156→1A1B
164→1B
536→2A
526→3A

3A，猜中了。

猫儿摩斯运气真的好好喔。

方法还是从线索推测出答案，这是我的笔记。

步骤	猜测	线索	推测结果	猜答案
1	123	1A	1，2，3：对1个 4，5，6：对两个	假设1对，猜5，6。
2	156	1A 1B	有两种可能 （甲）1对： 　1，4+5，6 　　　？？ （乙）1错： 　2，3+56 　　　？？	假设1对，5错，改5为4，并把6移到十位数。
3	164	1B	1，2，3，4，⑤，⑥	从线索可推出6在个位数，5在百位数。只剩两种可能：526或536。
4	536	2A	1，②，3，4，⑤，⑥	确定是526。
5	526	3A		

多玩几次，就会掌握诀窍了。

我们再玩一次，这次我要先猜出来！

数学追追追

　　猜数字游戏最常玩的是从 0～9 写下 3～5 个数字，让对方猜。只要掌握技巧，通常不超过 10 次，便能知道对方答案。

　　现在，小羊要猜猫儿摩斯的 3 位数，请根据线索找出答案。

（答案请见61页）

012 → 0
345 → 1B
678 → 2B
780 → 2B
457 → 1A

有趣的图案猜谜

土拨鼠爸爸是考古队的队长，他和学生们在地底下发现了一座古代宫殿。宫殿有好多美丽的石柱和画着图案的门。大家想进入宫殿参观时，却遇到麻烦了。

宫殿好高喔！

感觉阴森森的，有点恐怖。

大门上的图案，真有趣。

门旁边的架子上还有几张图片。

想一想，把正确的图片摆在空格处，门就会打开了。

哪一张才是正确的呢？

仔细看左右两排第一和第二张图，有哪些地方相同呢？

把第 1 个和第 2 个图案叠起来，不同的地方去掉，重叠的地方留下，就是第 3 个图。以此类推，空格要放第二张图片。

所以选这张图片。

门开了！

嘿！

还有一扇门？

你们看，这扇门也有图案。

这里有 4 张图片。

门上的图案和这 4 张图有什么关联？

拿一支笔就能看出答案了，这是要找对称图。

所以选这张图片。

门开了！

宫殿怎么空空的？我还以为会有骷髅头和藏宝箱。

藏宝箱才不会那么容易被发现，你留下来熬夜寻宝吧！

数学追追追

由一连串的图形提示，找出规律，并在空格处填答案，是很多大人、小孩爱玩的游戏。因为图形变化的规律，有时不明显，得花很长时间，才找得出来。而解出来后，会很有成就感喔！想想看，问号处该填什么图案？

  ?

（答案请见62页）

14

照顾熊奶奶的爱心积分

熊奶奶生病了，要待在床上休息一个月。热心的亲友答应照顾熊奶奶，不过，下个月1号至14号，还缺小助手。

1	2	3	4	5	6	7
			休息			
8	9	10	11	12	13	14
休息				休息		休息

1	2	3	4	5	6	7
休息	休息	休息	休息			
8	9	10	11	12	13	14

1	2	3	4	5	6	7
8	9	10	11	12	13	14
	休息	休息	休息	休息		

一个月后……

为了感谢你们，我准备了礼物送大家，来挑礼物吧！

谁先挑呢？

我想了一个游戏，每帮忙一天，可获得爱心积分。

第 1 天积分从 2 分起算。之后的积分是前一天的积分"加 2 分"，如果当天没工作，积分以 0 计算。积分高的，先挑礼物。

1	2	3	4	5	6	7
				休息。		

大家都帮忙 10 天，积分不是一样吗？

想想看，三个人的积分各是多少呢？

大家的积分真的都不同呀!

我有 38 分!

日期	1	2	3	4	5	6	7
积分	2	4	6	0	2	4	6
日期	8	9	10	11	12	13	14
积分	0	2	4	6	0	2	0

我有 110 分耶!

日期	1	2	3	4	5	6	7
积分	0	0	0	0	2	4	6
日期	8	9	10	11	12	13	14
积分	8	10	12	14	16	18	20

我只有 78 分……

日期	1	2	3	4	5	6	7
积分	2	4	6	8	10	12	14
日期	8	9	10	11	12	13	14
积分	16	0	0	0	0	2	4

小兔的积分最高，先来拿礼物吧!

不晓得里面是什么？我拿紫色包装的礼物吧!

数学追追追

做爱心送积分的概念，有时会在购物网站看到，商家为了吸引消费者，设计签到送积分活动，累积签到越多，积分越高，最后凭积分换礼物。

假如猫儿摩斯设计的做爱心送积分规则改了，改成连续签 3 天后，积分从 2 分起算，如下所示：

日期	1	2	3	4	5	6	7	8	9	10
积分	2	4	6	2	4	6	2	0	2	4

请问三人谁的积分最低？

（答案请见62页）

15

破解保险柜的号码锁

狐狸老板不小心摔了一跤，撞到脑袋，正躺在医院里观察是否有脑震荡，好多朋友都到医院探望他。

狐狸老板，我们来看你了。

谢谢你们，医生说我可以出院了，我把钱放在家里，大家能不能先帮我垫钱？

你不会赖账吧？

嘿嘿，我知道狐狸老板的秘密，如果赖账，我就说出来。

回家后……

我的钱都放在这个保险柜里。

上头有两组数字。

糟了！我的记忆没有完全恢复，忘了密码。我只记得转动外圈，让外层与内层数字对上后，按中间的按钮，保险柜就会开了。

我来转转看……

不行，打不开。

哎呀，别乱试呀，密码弄错3次，会自动锁死啊！

已经用掉一次机会了。

狐狸老板，你该不会是故意忘了吧？

我真的忘了，我只记得内外圈的数字好像有一定的关系。

看样子，我们垫出去的钱，暂时拿不回来了。

我知道怎么开保险柜了。

不……不会吧？锁坏了！锁坏了！

想想看，两组数字之间是否存在加法、减法或倍数的关系？

锁坏了没关系，猫儿摩斯会修理。

猫儿摩斯，这两组数字会有什么关系？

你们先把外圈的数字都减去1。

外圈减去1……

再看外圈减去1后的数字，和内圈数字有什么关联？

我知道了，将内圈数字乘上8。

3×8=24
2×8=16
7×8=56
6×8=48
4×8=32
8×8=64

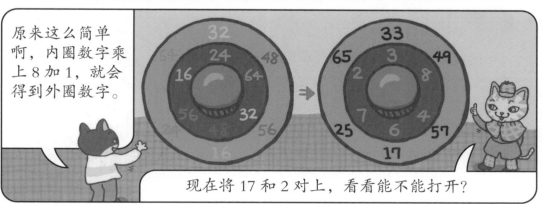

原来这么简单啊，内圈数字乘上8加1，就会得到外圈数字。

现在将17和2对上，看看能不能打开？

哇！打开了。

太好了，钱能够拿回来了。

咦，里面没有钱。

这里有张纸条……

小熊先生订的保险柜

我忘了这不是……

你是假装失忆的吧……

告诉大家一个秘密，狐狸老板的私房钱都放在……

别说了，我还钱……

原来你是装的。

我会还钱啦……

数学追追追

这次解号码锁，用到的数学思考是"观察法"。从两组看似不相干的数字，透过加法和乘法，找出彼此间的关系。现在请想想看，要怎么打开另一个保险柜？内圈和外圈的数字有什么关系？

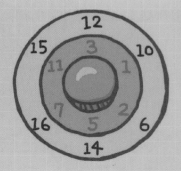

（答案请见62页）

解 答

第 4 页

10 根一起买是 110 元；
棒棒糖分成 1 根和 9 根
两堆最省钱，128 元。
分成 5，5 根两堆最贵，
160 元。

两张 1、一张 2、一张 3，
排出来的数字是 1213。

第 8 页

$3 \times (4+2) = 3 \times 6 = 18$

第 20 页

A=10
B=5
C=6
D=1
E=6

最后剩下 1 个饭
团；第二次卖之前有
（1+1）×2=4 个
饭团；第一次卖之前
有（4+1）×2=10
个饭团；所以一开始
有 10 个饭团。

第 24 页

第 28 页

第 32 页

第 40 页

因对角线不同，可分别剪
出四个部分或五个部分。

把减 3 的动作还
原，也就是将 6 加回
被减掉的 3，就会得
到 A 等于 9。

第 36 页

837

第 48 页

你答对了吗？

解 答

第 44 页

（换好方向的青蛙，接下来就能依次上岸了。）

第 52 页

经由观察可以发现，从第一行到第二行时，每个图形都往右移一格，而第一行最右边的图形，会占据第二行最左边的位置。以此类推。答案是：

猫儿花生的积分最低。小羊和小兔都是 38 分；猫儿花生 36 分。

第 56 页

将外圈数字的 6 转到 11，让内圈和外圈的数字加起来等于 17，即可打开保险柜。

第 60 页

动动脑筋，移一移

1. 移动 4 根火柴棒，使图形变成 10 个正方形。

2. 移动 1 根火柴棒，重新排列剩下的，使圆形变成 6 个完全相同的三角形。

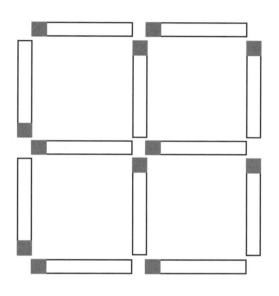

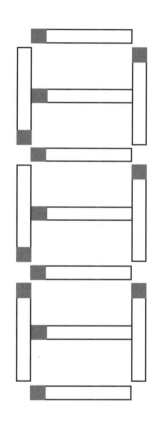

扫一扫左侧二维码
关注后回复"猫侦探"
即可获得数学小游戏的答案哦

图书在版编目（CIP）数据

　　猫侦探的数学谜题. 3，健忘的偷米贼 / 杨嘉慧，施晓兰著；郑玉佩绘. -- 武汉：长江文艺出版社，2023.7
　　ISBN 978-7-5702-3036-5

　　Ⅰ. ①猫… Ⅱ. ①杨… ②施… ③郑… Ⅲ. ①数学—少儿读物 Ⅳ. ①01-49

　　中国国家版本馆 CIP 数据核字(2023)第 053927 号

本书中文繁体字版本由康轩文教事业股份有限公司在台湾出版，今授权长江文艺出版社有限公司在中国大陆地区出版其中文简体字平装本版本。该出版权受法律保护，未经书面同意，任何机构与个人不得以任何形式进行复制、转载。

项目合作：锐拓传媒 copyright@rightol.com

著作权合同登记号：图字 17-2023-117

猫侦探的数学谜题. 3，健忘的偷米贼
MAO ZHENTAN DE SHUXUE MITI. 3，JIANWANG DE TOUMI ZEI

责任编辑：叶　露	责任校对：毛季慧
装帧设计：格林图书	责任印制：邱　莉　胡丽平

出版：长江出版传媒　长江文艺出版社
地址：武汉市雄楚大街 268 号　　邮编：430070
发行：长江文艺出版社
http://www.cjlap.com
印刷：湖北新华印务有限公司

开本：720 毫米×920 毫米　　1/16　　印张：4.25
版次：2023 年 7 月第 1 版　　2023 年 7 月第 1 次印刷

定价：135.00 元（全六册）

版权所有，盗版必究（举报电话：027—87679308　　87679310）
（图书出现印装问题，本社负责调换）

猫侦探的数学谜题

4

杨嘉慧 施晓兰 / 著
郑玉佩 / 绘

消失的金币

长江出版传媒 | 长江文艺出版社

目 录

主 角 介 绍

猫儿摩斯

　　拥有一流推理能力和敏锐的数学逻辑头脑的猫侦探——猫儿摩斯登场喽！每当森林里的小动物们遇到困难，猫儿摩斯就会及时出现，协助破解谜团。猫儿摩斯常常让爱贪小便宜的狐狸老板气得跳脚呢！